BEI GRIN MACHT SICH IHR WISSEN BEZAHLT

- Wir veröffentlichen Ihre Hausarbeit, Bachelor- und Masterarbeit

- Ihr eigenes eBook und Buch - weltweit in allen wichtigen Shops

- Verdienen Sie an jedem Verkauf

Jetzt bei www.GRIN.com hochladen und kostenlos publizieren

Bibliografische Information der Deutschen Nationalbibliothek:

Die Deutsche Bibliothek verzeichnet diese Publikation in der Deutschen National-
bibliografie; detaillierte bibliografische Daten sind im Internet über http://dnb.d-
nb.de/ abrufbar.

Impressum:

Copyright © 2009 GRIN Verlag, Open Publishing GmbH
Druck und Bindung: Books on Demand GmbH, Norderstedt Germany
ISBN: 9783640664016

Dieses Buch bei GRIN:

http://www.grin.com/de/e-book/153718/welche-rolle-spielen-multi-agenten-systeme-
in-der-geographie

Judith Bernet

Welche Rolle spielen Multi-Agenten-Systeme in der Geographie?

GRIN Verlag

Welche Rolle spielen Multi-Agenten-Systeme in der Geographie?

Seminar:

Einführung in Geographische Informationssysteme

Wintersemester 2008/2009

Judith Bernet

7. Semester

Diplomhauptfach:

Geographie

Nebenfach: Politik

Nebenfach: Soziologie

INHALTSVERZEICHNIS

1   Die Welt: ein System aus vielen Systemen

Den Hamburger Kaufmannsspruch „Unser Feld ist die ganze Welt" bezeichnen GEBHARDT et al. als passendes Motto für die Faszination an der Geographie (GEBHARDT et al. 2007a: 14). Geographen und Geographinnen beschäftigen sich also mit der Welt bzw. betrachten und erforschen Ausschnitte von ihr. Doch wie ist das mit den „Ausschnitten" der Welt? Lassen sich Ausschnitte überhaupt getrennt voneinander betrachten? Oder stehen sie nicht pausenlos in Wechselwirkung mit ihrer Umwelt? Die Welt ist also ein System mit unzähligen Elementen, die miteinander interagieren. Betrachtet man diese Elemente jedoch genauer, lassen sich weitere Subsysteme erkennen; jeder Organismus ist ein weiteres System und hat wiederum Subsysteme. Diese Systeme haben alle möglichen Größen, Formen und Eigenschaften. Um ein System, bzw. seine Funktionsweise zu verstehen, ist es wichtig, auch die einzelnen Elemente des Systems, deren Eigenschaften und Wirkungsweise zu analysieren. Eine solche Analyse kann auf verschiedene Arten erfolgen. Eine Möglichkeit ist, sich jedes Element genau zu betrachten, um davon auf das ganze System zu schließen. In diesem Fall spricht man von Multi-Agenten-Systemen. Die vorliegende Arbeit befasst sich mit der Frage, wo und welche Rolle Multi-Agenten-Systeme in der Geographie spielen.

2   Multi-Agenten-Systeme

Das folgende Kapitel widmet sich der Frage, was ein Multi-Agenten-System genau ist und welche Besonderheiten es hat. Zu diesem Zweck sollen an dieser Stelle zuerst der Begriff „System" definiert werden. Nach LESER ist ein System „eine Menge von Elementen und eine Menge von Relationen, die zwischen diesen Elementen bestehen (…)." (LESER [13]2005: 927)

(siehe Abb. 1). Um welche Art von Elementen es sich handelt wird in dieser Definition nicht ausgeführt. In einem Multi-Agenten-System werden die einzelnen Elemente „Agenten" genannt. Darauf, warum das so ist, bzw. welche Art von Agenten und damit welche Art von Elementen es gibt, soll im folgenden Kapitel eingegangen werden.

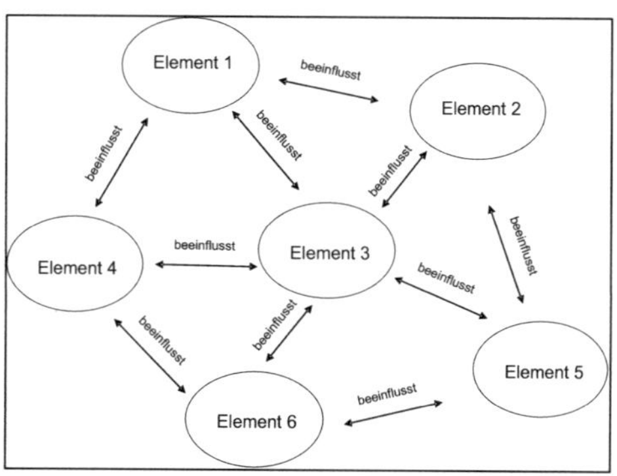

Abb. 1: allgemeine Funktionsweise von einem System (eigene Darstellung)

2.1   Was ist ein Agent?

Das Wort Agent leitet sich von dem lateinischen *agens*, was soviel wie „handelnde Kraft"
oder „das Treibende" heißt (SIEKMANN/FISCHER). Im Englischen werden auch neben *agent*
manchmal auch die Begriffe *node* oder *problem solver* benutzt. (SIEKMANN/FISCHER). Nach
KOCH und MANDL ist ein Agent „ein mit bestimmten Eigenschaften, Fähigkeiten,
Einschränkungen, Charakteristika, kurz: Regeln ausgestattetes ‚Etwas', das mit anderen
Agenten und mit seiner Umwelt kommuniziert." (KOCH/MANDL 2003: 1). Nach MANDL (2003:
13) sind Agenten „physische oder virtuelle Einheiten, die

1. in einer natürlichen oder künstlichen **Umwelt** agieren,
2. mit anderen Agenten **kommunizieren**,
3. durch Tendenzen geleitet werden (**Ziele** (…))
4. eigene **Ressourcen besitzen**,
5. die **Umwelt** (eingeschränkt) **wahrnehmen**,
6. **Fertigkeiten besitzen** und Dienste anbieten
7. sich **reproduzieren** können und
8. **individuelles Verhalten** zeigen (…)"

(MANDL 2003: 13)

SIEKMANN und FISCHER unterscheiden folgende Arten von Agenten (siehe Abb. 2):

- **Primitiver Agent**: kann wahrnehmen und reagieren

- **Technischer Agent**: allgemeine Bezeichnung für programmgesteuerte Systeme, z.B. Roboter, Werkzeugmaschinen.

- **Technisch-intelligenter Agent:** kann Schlussfolgerungen ziehen, sich in seiner Umwelt flexibel verhalten und gestellte Aufgaben flexibel bearbeiten.

- **Kognitiver Agent**: besitzt die Fähigkeit zur Reflexion und die Möglichkeit zu lernen.

- **Sozialer Agent**: kennt soziale Regeln, nach denen er das eigene Handeln und das der anderen Agenten bewerten kann.

(SIEKMANN/FISCHER)

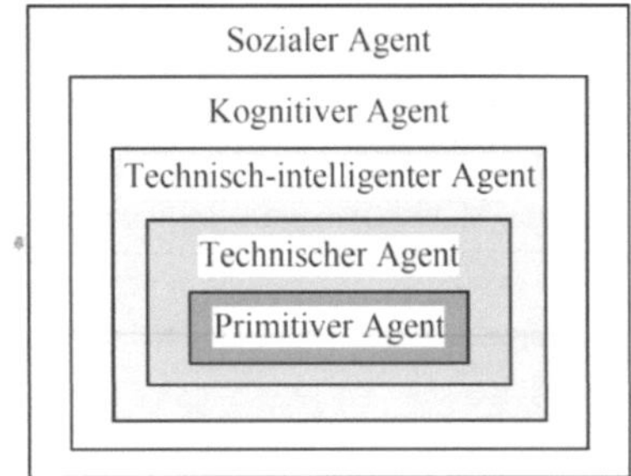

Abb. 2: Agentenklassifikation (SIEKMANN/FISCHER)

Damit Agenten untereinander kommunizieren können, muss die Vorraussetzung erfüllt sein, dass sie die gleiche „Sprache" benutzen, mit gemeinsamen „Begriffen", die für alle Beteiligten die gleiche Bedeutung haben (SIEKMANN/FISCHER).

Ein Agent kommuniziert bzw. interagiert mit seiner Umwelt und den anderen Agenten mit Hilfe seiner Sensoren und Effektoren. Mit den Sensoren nimmt er seine Umwelt wahr, registriert andere Agenten und deren Handlungen. Mit den Effektoren wiederum agiert er, reagiert auf seine Umwelt und andere Agenten (siehe Abb. 3). Jedoch ist die Reaktion eines Agenten auf seine Umwelt nicht immer gleich bzw. berechenbar. Je komplexer der Agent ist, desto größer ist der „Pool" der möglichen Reaktionen, und desto komplizierter ist es, diesen Pool zu erfassen oder zu definieren. So werden bei einem einfachen (technischen) Agent die möglichen Aktionen bzw. Reaktionen einfach vom Erbauer festlegt. Z.B.: Ein Agent kann auf die Weise A und B agieren, andere Agenten reagieren auf A mit Reaktion C und auf B mit Reaktion D. Sobald es aber mehrere Möglichkeiten gibt, z.B. ein Agent kann auf eine Aktion A mit Reaktion B **oder** C reagieren, wird es komplizierter: Wovon hängt es genau ab, für welche Reaktion er sich entscheidet?

Bei einem technischen Agenten in einem programmierten System (siehe Kapitel 3.2.) werden die möglichen Aktionen und alle möglicherweise folgenden Reaktionen vorher definiert und dann dementsprechend programmiert. Sie sind daher erfassbar und nachvollziehbar. Wie verhält es sich jedoch bei Individuen, bei kognitiven und sozialen Agenten? Hier können wir keine „Liste" aller möglichen Aktionen/Reaktionen erstellen, da wir sie bzw. vor allem die Gründe, die zu der einen oder der anderen Reaktion führen gar nicht kennen (siehe Abb. 3). Die Feststellung, dass wir nicht alle Variablen kennen, ist besonders bei der Simulation von Systemen bzw. bei der Erstellung von Modellen extrem wichtig. Darauf soll im Kapitel 4 näher eingegangen werden.

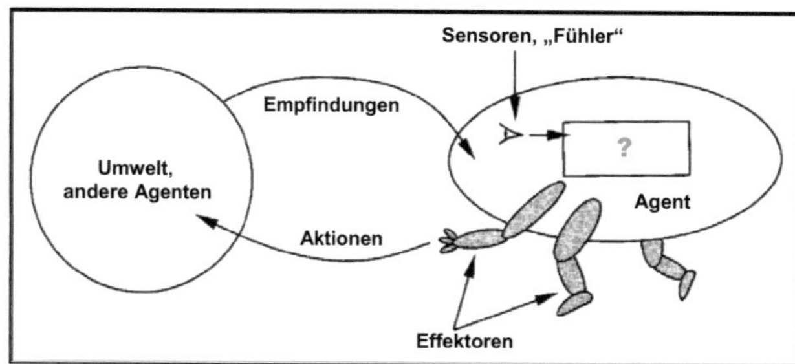

Abb. 3: Ein Agent interagiert mit seiner Umwelt und anderen Agenten, verändert nach SIEKMANN/FISCHER

2.2   Wie funktioniert ein Multi-Agenten-System?

Traditionellerweise wird beim Analysieren eines Systems und seiner Funktionsweise besonders auf den Anfang und den Schluss geschaut: Wie viel von was muss ich hineingeben um wie viel herauszubekommen? Ein System wird wie eine Art „Blackbox" behandelt, innen passiert etwas, was man nicht genau weiß, und was auch keine allzu große Rolle spielt. Im Unterschied dazu stehen bei Multi-Agenten-Systemen die einzelnen Agenten und ihre Absichten, Handlungen und Ziele im Vordergrund: Multi-Agenten-Systeme sind individuenbasiert (MANDL 2003:12). Jedes einzelne Element – jeder Agent – und alle seine Variablen, die ihm zu Aktion und Reaktion zur Verfügung stehen, eine Rolle. Nach Mandl (FERBER 1999, zit. nach MANDL 2003: 13) besteht ein Multi-Agenten-System „aus

1. einer **Umwelt E**, die normalerweise räumliche Ausdehnung besitzt,

2. einer Menge von **Objekten O**, die in E liegen, passiv sind und von den Agenten wahrgenommen, erschaffen, zerstört oder verändert werden können,

3. einer Gesellschaft von **Agenten A**, die spezielle Objekte sind und die die aktiven bzw. beweglichen Komponenten des Systems repräsentieren,

4. einer Menge von **Relationen R**, die Objekte (und/oder auch Agenten) miteinander verbinden,

5. einer Menge von **Operationen Op**, die es den Agenten ermöglichen Objekte wahrzunehmen, herzustellen, zu konsumieren, zu transformieren und zu manipulieren und

6. **Operatoren** mit der Aufgabe die Anwendung dieser Operationen und die Reaktion der Welt auf diese Veränderungsversuche (…) zu repräsentieren

(MANDL 2003: 13).

Besteht das Multi-Agenten-System aus technisch-intelligenten, kognitiven oder sozialen Agenten, folgen Reaktionen nicht nur auf Aktionen andere Agenten, sondern auch auf *Annahmen*, wie die anderen Agenten agieren könnten. Dies erklärt RIECK (2006) anhand eines einfachen Beispiels:

> „Stellen Sie sich vor, Sie spielen Fangen (…) und versuchen gerade, Ihre Mitspielerin zu fangen. Das wäre ganz einfach, wenn sie stehen bliebe. Da sie aber nicht gefangen werden will (…) läuft sie weg und macht es Ihnen damit schwer, Ihr Ziel zu erreichen. Wenn Sie immer nur direkt auf sie zu laufen und dabei so tun als würde sie wie angewurzelt stehen bleiben, ist das sicherlich keine sehr kluge Strategie. Denn Sie wissen: Es ist nicht in dem Interesse Ihrer Gegenspielerin stehen zu bleiben. Daher glauben Sie nicht daran, dass sie es tun wird, passen Ihre Strategie entsprechend an und versuchen, ihr den Weg

abzuschneiden, indem Sie an ihr vorbei zielen. Indem Sie das tun, müssten Sie sie in wenigen Schritten genau treffen. Statt dessen rennen Sie an ihr vorbei und greifen ins Leere. Verdutzt drehen Sie sich um stellen fest, dass sie doch stehen geblieben ist. Sie haben nicht weit genug gedacht. Sie sind nur von sich ausgegangen und haben nicht bedacht, dass Ihre Gegenspielerin auch denken kann. Sie aber hat gedacht, dass Sie denken, dass sie flüchten wird und deshalb an ihr vorbei zielen. Deshalb ist sie stehen geblieben." (RIECK 2006)

So lässt sich das Grundkonzept der Multi-Agenten Systeme zusammenfassend folgendermaßen erklären: In einem individuenbasierten System kommt es zu Aktionen, je nachdem auf welche Art ein Agent seine Umwelt, die anderen Agenten und deren Aktionen wahrnimmt und welche Schlüsse er daraus zieht. Diese Schlüsse führen einmal direkt zu Entscheidungen, wie er reagiert, und auch zu Annahmen, wie andere Agenten reagieren könnten, woraufhin er auch wiederum Entscheidungen für folgende Aktionen trifft.

Mit diesem Grundkonzept hat sich der Mathematiker John Nash in seiner Spieltheorie beschäftigt, der 1994 den Nobelpreis für Wirtschaftswissenschaften bekommen hat. (Der Nobelpreis www.nobelpreis.org).

3   Wo existieren Multi-Agenten-Systeme?

Prinzipiell lassen sich natürliche und technische, vom Menschen programmierte Multi-Agenten-Systeme unterscheiden. Im folgenden Kapitel soll darauf eingegangen werden, wo Multi-Agenten-Systeme existieren.

3.1   Natürliche Multi-Agenten-Systeme

In unserer Umwelt existieren zahlreiche Multi-Agenten-Systeme. Multi-Agenten-Systeme die jeder kennt sind z.B. Ameisenhügel, Vogel- oder Fischschwärme (siehe Abb. 4) oder Bienenstöcke, wobei die Agenten hier die einzelnen Tiere sind (SIEKMANN/FISCHER). Aber auch z.B. der menschliche Körper besteht aus vielen Systemen, wo die Agenten dann Organe, Hormone, Bakterien o.ä. sind. Hier lässt sich erkennen, dass Multi-Agenten-Systeme alle möglichen Größen besitzen können, von mikroskopisch kleinen Systemen innerhalb eines Menschen, einer Pflanze o.ä., bis hin zu einem riesigen System wie z.B. einem Ozean.

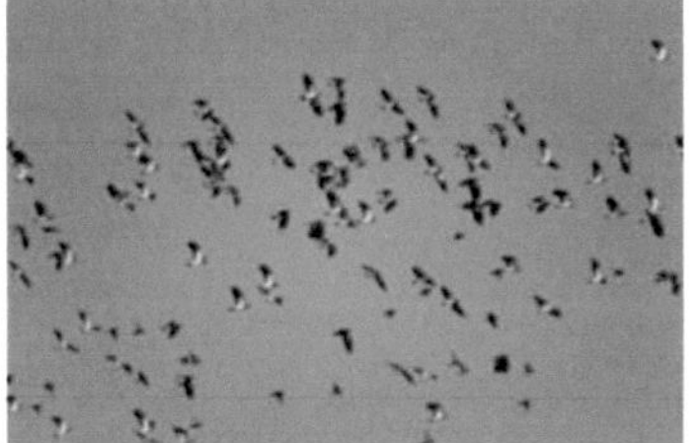

Abb. 4: Vogelschwarm, Schweizerische Vogelwarte (2008)

3.2   Multi-Agenten-Systeme in der Technik

Auch in der Technik sind Multi-Agenten-Systeme vorhanden. Der bedeutendste Unterschied zu natürlichen Multi-Agenten-Systeme ist, dass technische Multi-Agenten-Systeme vom Menschen erschaffen sind, die im Vorfeld einen Katalog von möglichen Verhaltensweisen für die Agenten festlegen. Je komplexer die Agenten und das System, desto komplizierter ist der Bau und die Programmierung. Auch die Diskussion um künstliche Intelligenz dreht sich um die Frage, wo die Grenze von schon kognitiv oder „intelligent" und noch vom Menschen steuerbar ist. Je kognitiver, intelligenter ein Agent programmiert wird, desto unvorhergesehener sind seine Aktionen/Reaktionen für uns.

4   Simulationen von Multi-Agenten-Systemen

Das folgende Kapitel geht soll darauf eingehen, wie und wo die Kenntnisse über Multi-Agenten-Systeme angewandt werden. Wie schon im vorigen Kapitel betont wurde, gibt es Multi-Agenten-Systeme in jeder erdenklichen Größe. Dies bedeutet, dass wir nicht immer in der Lage sind, das System selbst zu beobachten, weil es zu klein oder zu groß ist. Oft finden die Prozesse auch zu langsam oder zu schnell ab: So dauern die Prozesse z.B. in geologischen Systemen Millionen von Jahren, Systeme im menschlichen Körper Millisekunden. Oder die Systeme sind für uns räumlich nicht zugänglich (wiederum z.B. im menschlichen Körper) bzw. es ist ein zu großer finanzieller Aufwand, uns das System zugänglich zu machen (HÖRNLEIN/OECHSLEIN/PUPPE, 2000: 1).

So wird in der Wissenschaft versucht, in solchen Fällen das System zu simulieren. Eine Simulation ist somit „(…) der Versuch, Abläufe und Prozesse in (…) Systemen nachzuvollziehen oder künftige Entwicklungszustände der Systeme wirklichkeitsnah nachzuahmen. (…)." (LESER [13]2005: 845). Eine Simulation wird also immer dann gemacht, wenn das echte System aus bestimmten Gründen nicht zur Verfügung steht. Die Simulation stellt somit eine Art Abbild des Systems da, Prozesse und Aktionen finden statt „als ob". Die Bedingungen sollen möglichst realitätsnah sein, aber eben nicht „in echt". Somit könnte man eine Simulation auch als eine Art „Spiel" oder „Planspiel" bezeichnen (HÖRNLEIN/OECHSLEIN/PUPPE, 2000: 1). Wie in einem Spiel gibt es festgelegte Regeln, Rahmenbedingungen und Aktionsmöglichkeiten, jedoch ohne Konsequenzen – da das System eben nicht „wirklich" vorliegt. Bei der Programmierung von und der Arbeit mit Simulationen sollte man sich bewusst machen, dass immer die Möglichkeit besteht, dass man nicht alle möglichen Aktionen bedacht und in das „Regelwerk" der Simulation

aufgenommen hat. Selbst die sorgfältigst durchdachte Simulation ist eben „nur" eine Simulation und es gibt keine Garantie, dass es in Wirklichkeit auch so abläuft.

Simulationen werden wie oben erklärt in der Wissenschaft genutzt, aber auch in anderen Bereichen wie z.B. Filme und Computerspiele. Auch hier steht das echte System nicht zur Verfügung: Um ein System genau so zu haben, wie es dem dementsprechenden Zweck dient (aus einer bestimmten Perspektive, zu einer bestimmten Zeit, als Abbild im Medium Computer oder Fernseher), wird es abgebildet.

Ein Beispiel für eine solche Simulation ist BOIDS, ein Computerprogramm zur Simulation von Vogelschwärmen und ähnlich funktionierenden Multi-Agenten-Systeme. Das Programm wurde von Craig Reynolds 1986 entworfen (REYNOLDS 2001). Die einfachste Version von BOIDS beinhaltet folgenden Katalog von Entscheidungsmöglichkeiten der Agenten:

1. Separation: Der Agent wählt eine Richtung, die einer Häufung von anderen Agenten entgegenwirkt (siehe Abb. 5a)

2. Angleichung: Der Agent wählt eine Richtung, die der mittleren Richtung der benachbarten Agenten entspricht (siehe Abb. 5b)

3. Zusammenhalt: Der Agent wählt eine Richtung, die der mittleren Position der benachbarten Agenten entspricht (siehe Abb. 5c)

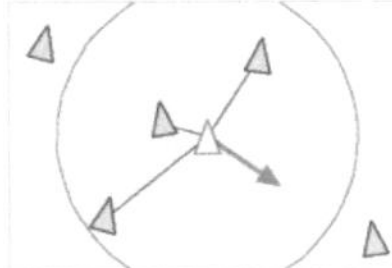 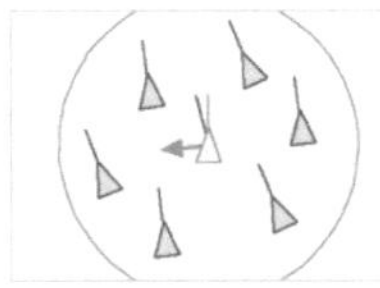 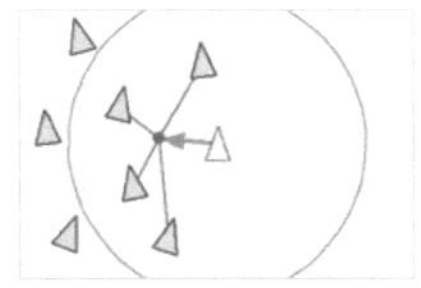

Abb. 5a:
Entscheidungsmöglichkeit
Separation
REYNOLDS (2001)

Abb. 5b:
Entscheidungsmöglichkeit
Angleichung

Abb. 5c:
Entscheidungsmöglichkeit
Zusammenhalt

Das Multi-Agenten-System dieser Simulation funktioniert genauso, wie es in Kapitel 2 für Multi-Agenten-Systeme beschrieben wurde: Jeder Agent bestimmt sein eigenes Verhalten, je nachedem wie er seine Umwelt und das Verhalten der anderen Agenten wahrnimmt: „The birds choose their own course. Each simulated bird is implemented as an independent actor that navigates ccording to its local perception of the dynamic environment, the laws of simulated physics that rule its motion, and a set of behaviors programmed into it by the "animator". The aggregate motion of the simulated flock is the result of the dense interaction of the relatively simple behaviors of the individual simulated birds." (REYNOLDS 1987: 25)

(siehe Abb. 6). Die Schwierigkeit bei einer solchen Simulation von einem existierenden natürlichen Multi-Agenten-System ist, dass die Regeln, also der Katalog der möglichen Aktionen, erfasst werden muss. Eine Reihe von wissenschaftlichen Disziplinen greift auf Modellierung und Simulation von Multi-Agenten-Systemen zurück. KOCH und MANDL nennen als Beispiele für Systeme, die z.B. in der „Soziologie, Politologie, Ökonomie oder Landschaftsökologie, Biologie, Geologie" (KOCH/MANDL 2003: 1), simuliert werden „die Entstehung, Erhaltung, Veränderung und Auflösung von sozialen Netzwerken, von Normen oder

Abb. 6: Durch das Programm BOIDS simulierte Vögel beim Ausweichen von Hindernissen, REYNOLDS 1987: 33

Religionen, die Bedeutung von Kooperation, Kommunikation und Aushandlungsvorgängen, die Veränderungen von Landnutzungen, Verkehrsprozesse, die räumliche Ausbreitung von Krankheitserregern oder Urbanisierungsprozesse" (KOCH/MANDL 2003: 1). Das folgende Kapitel geht auf die Frage ein, wo in der Geographie Multi-Agenten-Systeme existieren bzw. simuliert werden und welche Rolle sie spielen.

5 Beispiele von Multi-Agenten-Systemen in der Geographie

GEBHARDT et al. bezeichnen die Geographie einerseits als „eine Naturwissenschaft", genauso aber auch als „eine Gesellschaftswissenschaft". Weiterhin ist die Geographie ihrer Meinung nach eine „empirische Wissenschaft", gleichzeitig jedoch auch „theoretische Wissenschaft" (GEBHARDT et al. 2007b: 49). So vielseitig wie hier die Geographie als wissenschaftliche Disziplin beschrieben ist, so unterschiedlich kann der zu betrachtende Forschungsgegenstand sein. Generell ist zu sagen, dass mittlerweile nicht nur in der Geographie „Computermodelle (…) ein unbestrittenes Hilfsmittel" (MANDL 2003: 5) für Erstellung von Modellen und die Durchführung von Simulationen ist. Die Bedeutung von Simulationen und Modellierungen nimmt noch zu, in dem Maße, in dem die Möglichkeiten von Computersimulationen aufgrund verbesserter Software und Hardware zunimmt.

Im Folgenden sollen zwei Beispiele für Multi-Agenten-Systeme und ihre Simulation gegeben werden, die bei der Stadt- und Raumplanung – einem Bereich, in dem Geographen tätig sind – verwendet werden können.

5.1   Beispiel 1: ILUMASS

ILUMASS ist ein Projekt, um die „langfristige Planung von Städten und Verkehrswegen"
(STRAUCH 2003: 123) zu verbessern. Der Name steht für Integrated Land-Use Modelling and
TrAnsportation System Simulation (STRAUCH 2003: 123). Hierzu wurde von sieben
deutschen Forschungsinstituten ein Simulationsprogramm entwickelt, das aus drei Säulen
besteht: Flächennutzung, Verkehr und Umweltauswirkungen (SPIEKERMANN & WEGENER).

Das Programm berechnet und bewertet also die Wirkungen von Verkehr für Raum, Stadt und Umwelt (STRAUCH 2003: 123). Dazu bedient es sich der Abbildung der Organisation der Flächennutzung, den (empirisch oder simuliert gewonnenen) Daten über die

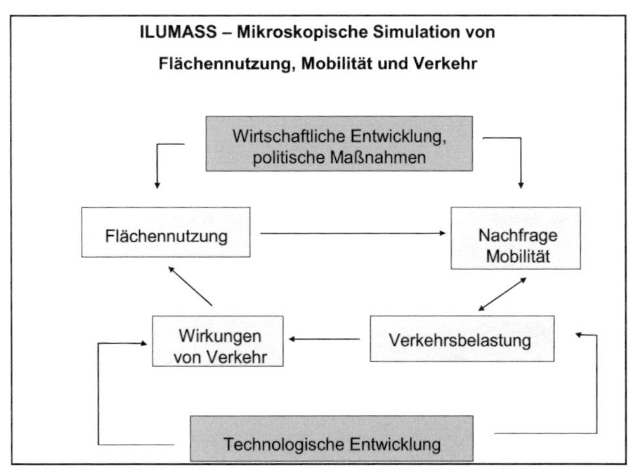

Abb. 7: Komponenten und deren Verknüpfung in ILUMASS, verändert nach
STRAUCH 2003: 125

Nachfrage nach Verkehr und einer Simulation des Verkehrsverlaufes. Das Programm
berücksichtigt die Wechselwirkung zwischen dem Raum und der Nutzung des Raumes:
„Verkehr beeinflusst die Nutzung des Raumes, und diese beeinflusst wiederum den
Verkehrsablauf" (STRAUCH 2003: 123) (siehe Abb. 7).

5.2   Beispiel 2: BOT World

Ein weiteres Beispiel einer MAS-Simulation ist das Programm BOTworld (siehe Abb. 8) von
Prof. M. BRUSE zur Bewertung der Umweltqualität in Städten. Die Simulation beschäftigt sich
mit dem Mikro-Klima in Städten. Das Programm besteht aus der „Umwelt" – in dem Fall die
Stadt – und den Agenten – hier den Fußgängern. Es soll analysiert werden, unter welchen
Bedingungen sich die Fußgänger wo wie lange und wie gerne aufhalten.
Rahmenbedingungen werden vorgegeben durch gesetzliche Vorschriften zu Höchstwerten
der Luftverschmutzung, Lärm etc. Um ein Multi-Agenten-System handelt es sich deshalb, da

nicht Durchschnittswerte betrachtet werden, sondern jeder Agent als Einzelfall betrachtet wird: Wo war er vorher? Wie schnell ist er von seinem vorherigen Aufenthaltsort zu dem jetzigen gelangt? Musste er sich auf dem Weg anstrengen? Ist er gesund? All diese Variablen spielen eine Rolle, wenn es um die Befindlichkeit eines Agenten – Fußgängers – geht: „**BOTworld** does not just calculate average values about average pedestrians who do not exist - every single agents has its own personality, preferences and properties." (BRUSE 2007).

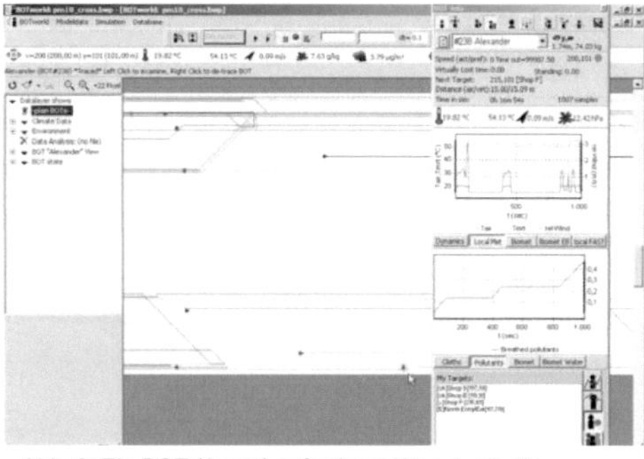

Abb. 8: Ein BOT (Agent) auf seinem Weg durch die virtuelle Umwelt im Programm BOTworld, BRUSE 2007

5.3   Beispiel 3: Stau-Simulation

Eine weitere Simulation von einem Multi-Agenten-System ist die Simulation von Stau (siehe Abb. 9). Dabei wird z.B. folgenden Fragen nachgegangen: Wie wirkt sich verändertes Tempolimit auf die Staubildung aus? Welchen Einfluss hat eine Ampel? Diese Simulationsverfahren möchte „mithilfe von Simulationen die Veränderung der Werte von Zielgrößen unter verschiedenen Ausgangsbedingungen" (LESER [13]2005: 845) untersuchen. TREIBER (2008) simuliert in seine MAS die Auswirkungen von Geschwindigkeitsbegrenzungen, Überholspuren, Spurwechseleinschränkungen und Ampeln. Die Ergebnisse einer solchen Simulation bringen Erkenntnisse über den Effekt einer (baulichen) Maßnahme, bevor sie kostenspielig (beim Bau neuer Infrastruktur) oder gefährlich (z.B. beim Versuch neuer erlaubter Geschwindigkeiten) umgesetzt werden

Abb. 9: Stausimulation von TREIBER 2008

Die Ergebnisse aus den hier genannten Simulationen von Multi-Agenten-Systemen können wichtige Daten für Stadt-, Raum- und Regionalplanung, für Stadtverwaltung und Umweltschutz liefern.

6 Résumé

Multi-Agenten-Systeme und deren Simulation spielen in der Geographie eine große Rolle. Die Geographie befasst sich häufig mit Systemen. Die Betrachtungsweise eines Multi-Agenten-Systems kann in vielen Fällen exakteres und umfangreicheres Wissen über ein System vermitteln, als die Betrachtung eines Systems als „Blackbox". KOCH und MANDL (2003) sind jedoch der Meinung, dass die Möglichkeiten aus solchen MAS-Simulationen noch nicht genügend erkannt und genutzt werden. Sie betonen, dass „die Nutzungsmöglichkeiten von Mulit-Agenten-Systemen in unserem Fach (…) vielfältig und die Ergebnisse vielversprechend" (KOCH/MANDEL 2003: 4) sind. Nach MANDL (2003) liegt es häufig „an der (…) mangelhaften Verwendbarkeit der vorhandenen (…) Methoden und Modelle zur Abbildung und Simulation der komplexen „Gedanken-Modelle" von Geographinnen und Geographen [und] an der noch immer eher mangelhaften Benutzbarkeit und Benutzerfreundlichkeit aktueller Computermodelle (…)" (MANDL 2003: 6). Dennoch sind die Fortschritte in der letzen Zeit nicht zu übersehen, dies drückt sich auch in der Lehre aus, es gibt immer mehr Seminare, die sich mit dem Thema Computersimulationen mit GIS beschäftigen.

7 Quellen

BRUSE, M. (2007): What is BOTworld about? Internet: http://www.botworld.info/ (letzter Zugriff am 26.02.2009).

Der Nobelpreis (o.J.): Der Nobelpreis für Wirtschaftswissenschaften. Internet: http://www.nobelpreis.org/wirtschaft.htm (letzter Zugriff am 26.02.2009).

HÖRNLEIN, A., CH. OECHSLEIN, F. PUPPE (2000):Optimierung in simulierten biologischen Multiagentensystemen mit Hilfe evolutionärer Verfahren . Internet: http://ki.informatik.uni-wuerzburg.de/papers/hoernlein/asim2000/asim2000.pdf (letzter Zugriff am 26.02.2009). S. 1-9.

GEBHARDT et al. (2007a): Die „ganze Welt als Feld" – Geographie in globaler Perspektive. In: GEBHARDT et al. [Hrsg.]: Geographie. Physische Geographie und Humangeographie. München, S. 14-18.

GEBHARDT et al. (2007b): Die Geographie und ihre Teilgebiete. In: GEBHARDT et al. [Hrsg.]: Geographie. Physische Geographie und Humangeographie. München, S. 49-53.

KOCH, A.; MANDL, P. (2003): Einleitung zum Thema „Multi-Agenten-Systeme in der Geographie". In: KOCH, A.; MANDL, P. [Hrsg.]: Multi-Agenten-Systeme in der Geographie. Institut für Geographie und Regionalforschung der Universität Klagenfurter Geographische Schriften, Heft 23, S. 1-4.

LESER, H. ([13]2005): Wörterbuch Allgemeine Geographie. Braunschweig.

MANDL, P. (2003): Multi-Agenten-Simulation und Raum – Spielwiese oder tragfähiger Modellierunsansatz in der Geographie? In: KOCH, A.; MANDL, P. [Hrsg.]: Multi-Agenten-Systeme in der Geographie. Institut für Geographie und Regionalforschung der Universität Klagenfurter Geographische Schriften, Heft 23, S. 1-4.

REYNOLDS, C. W. (1987) Flocks, Herds, and Schools: A Distributed Behavioral Model. In: Computer Graphics, 21(4) (= SIGGRAPH '87 Conference Proceedings) S. 25-34.

REYNOLDS, C. W. (2001): BOIDS. Backround and update. Internet: http://www.red3d.com/cwr/boids/ (letzter Zugriff am 26.02.2009).

RIECK, CH. (2006): Was ist Spieltheorie? Internet: http://www.spieltheorie.de/Spieltheorie_Grundlagen/was-ist-spieltheorie.htm (letzter Zugriff am 26.02.2009).

Schweizerische Vogelwarte (2008): Schwarm von Kiebitzen. Internet: http://www.vogelwarte.ch/home.php?lang=d&cap=aktuell&subcap=news (letzter Zugriff am 26.02.2009).

SIEKMANN. J., K. FISCHER (o.J.): Vorlesung "Multi-Agenten Systeme" http://www-ags.dfki.uni-sb.de/~kuf/MULTI-AGENTEN-SYSTEME.html (letzter Zugriff: 16.01.2009).

SPIEKERMANN & WEGENER Stadt- und Regionalforschung (o.J.): LUMASS - Integrated Land-Use Modelling and Transportation System Simulation (2001-2007). Internet: http://www.spiekermann-wegener.de/pro/ilumass.htm (letzter Zugriff am 26.02.2009).

STRAUCH, D. (2003): Ein neuer mikroskopisch-dynamischer Modellansatz für eine integrierte Flächennutzungs- und Verkehrsplanung: Das Simulationsmodell ILUMAS. In: KOCH, A.; MANDL, P. [Hrsg.]: Multi-Agenten-Systeme in der Geographie. Institut für Geographie und Regionalforschung der Universität Klagenfurter Geographische Schriften, Heft 23, S. 123-137.

TREIBER, M. (2008): Microsimulation von Staus und Stop-and-Go Wellen auf Fernstraßen. Internet: http://www.traffic-simulation.de/ger (letzter Zugriff am 26.02.2009).

Bilder Titelblatt:

BRUSE, M. (2007): What is BOTworld about? Internet: http://www.botworld.info/ (letzter Zugriff am 26.02.2009).

Schweizerische Vogelwarte (2008): Schwarm von Kiebitzen. Internet: http://www.vogelwarte.ch/home.php?lang=d&cap=aktuell&subcap=news (letzter Zugriff am 26.02.2009).